优秀技术工人
百工百法丛书

郭平工作法

高速铁路长大隧道平面控制测量

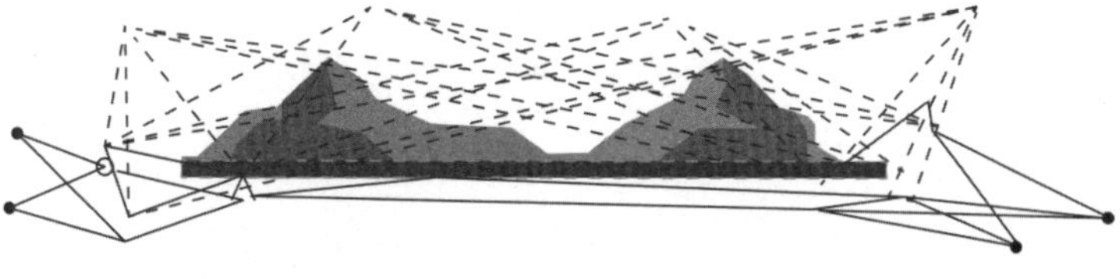

中华全国总工会 组织编写

郭 平 著

中国工人出版社

技术工人队伍是支撑中国制造、中国创造的重要力量。我国工人阶级和广大劳动群众要大力弘扬劳模精神、劳动精神、工匠精神，适应当今世界科技革命和产业变革的需要，勤学苦练、深入钻研，勇于创新、敢为人先，不断提高技术技能水平，为推动高质量发展、实施制造强国战略、全面建设社会主义现代化国家贡献智慧和力量。

——习近平致首届大国工匠创新交流大会的贺信

优秀技术工人百工百法丛书

编委会

序

党的二十大擘画了全面建设社会主义现代化国家、全面推进中华民族伟大复兴的宏伟蓝图。要把宏伟蓝图变成美好现实，根本上要靠包括工人阶级在内的全体人民的劳动、创造、奉献，高质量发展更离不开一支高素质的技术工人队伍。

党中央高度重视弘扬工匠精神和培养大国工匠。习近平总书记专门致信祝贺首届大国工匠创新交流大会，特别强调“技术工人队伍是支撑中国制造、中国创造的重要力量”，要求工人阶级和广大劳动群众要“适应当今世界科技革命和产业变革的需要，勤学苦练、深入钻研，勇于创新、敢为人先，不断提高技术技能水平”。这些亲切关怀和殷殷厚望，激励鼓舞着亿万职工群众弘扬劳模精神、劳动精神、工匠精神，奋进新征程、建功新时代。

近年来，全国各级工会认真学习贯彻习近平总书记关于工人阶级和工会工作的重要论述，特别是关于产业工人队伍建设改革的重要指示和致首届大国工匠创新交流大会贺信的精神，进一步加大工匠技能人才的培养选树力度，叫响做实大国工匠品牌，不断提高广大职工的技术技能水平。以大国工匠为代表的一大批杰出技术工人，聚焦重大战略、重大工程、重大项目、重点产业，通过生产实践和技术创新活动，总结出先进的技能技法，产生了巨大的经济效益和社会效益。

深化群众性技术创新活动，开展先进操作

法总结、命名和推广，是《新时期产业工人队伍建设改革方案》的主要举措。为落实全国总工会党组书记处的指示和要求，中国工人出版社和各全国产业工会、地方工会合作，精心推出“优秀技术工人百工百法丛书”，在全国范围内总结 100 种以工匠命名的解决生产一线现场问题的先进工作法，同时运用现代信息技术手段，同步生产视频课程、线上题库、工匠专区、元宇宙工匠创新工作室等数字知识产品。这是尊重技术工人首创精神的重要体现，是工会提高职工技能素质和创新能力的有力做法，必将带动各级工会先进操作法总结、命名和推广工作形成热潮。

此次入选“优秀技术工人百工百法丛书”作者群体的工匠人才，都是全国各行各业的杰出技术工人代表。他们总结自己的技能、技法和创新方法，著书立说、宣传推广，能让更多人看到技术工人创造的经济社会价值，带动更多产业工人积极提高自身技术技能水平，更好地助力高质量发展。中小微企业对工匠人才的孵化培育能力要弱于大型企业，对技术技能的渴求更为迫切。优秀技术工人工作法的出版，以及相关数字衍生知识服务产品的推广，将对中小微企业的技术进步与快速发展起到推动作用。

当前，产业转型正日趋加快，广大职工对于技术技能水平提升的需求日益迫切。为职工群众创造更多学习最新技术技能的机会和条件，传播普及高效解决生产一线现场问题的工法、技法和创新方法，充分发挥工匠人才的“传帮带”作用，工会组织责无旁贷。希望各地工会能够总结、命名和推广更多大国工匠和优秀技术工人的先进工作法，培养更多适应经济结构优化和产业转型升级需求的高技能人才，为加快建设一支知识型、技术型、创新型劳动者大军发挥重要作用。

中华全国总工会兼职副主席、大国工匠

高凤林

作者简介
About The Author

郭 平

1974年出生，中铁二局集团有限公司一级测量专家，兼职工会副主席，工匠（首席）技师，中国中铁测量技能大师，正高级工程师，中国工会第十八届执行委员会委员，享受国务院政府特殊津贴。曾获全国劳动模范、全国五一劳动奖章、全国技术能手、国资委中央企业技术能手、四川工匠、成都工匠、中国中铁工匠等荣誉，入选四川省首批“工匠技艺留存计划”，2024 年大国工匠培育对象。

30 年来郭平扎根工程测量员岗位，先后主持和参与了京津、京沪、川藏铁路等 300 多个重点工程控制测量，经他测量的多项工程荣获鲁班奖等。作为四川省十佳创新工作室、中国铁路火车头劳模创新工作室，郭平劳模工作室在技术攻关、人才培养以及工匠精神传承方面发挥了重要作用。工作室获得近 50 项成果奖，培养了 3 名工匠（首席）技师、30 多名特级技师和 300 多名高级测量技能人才，主持开发的“高精度隧道独立控制网建立技术”等多项实用技术填补了行业空白，为中国高铁测量技术进步作出了积极贡献。

工/匠/寄/语

足量天地，心绘蓝图。

精工细作，铸就高铁工程之魂！

郭平

目　　录
Contents

引　言
Introduction

高速铁路作为现代交通体系的重要组成部分，以其卓越的安全性、便捷性和高效性，对经济社会发展和日常生活产生了深远影响。高铁网络的扩展显著促进了区域经济与文化交流，同时提升了出行效率，带来了巨大的经济效益和社会效益，其重要性不言而喻。

高速运行的列车需要线型良好的铁路来承载，隧道高精度贯通一直是建设各方重点关注的指标，对高铁施工进度产生决定性的作用。由于长大隧道进深较大、测量环境复杂，对于高精度测量工作来说，带来的难度呈几何倍增长。微小误差或精度不足都会造成巨大的经济损失、工期延误和安全风险。因此，迫切需要一整套提高长大隧道贯通误差精度和洞内控制测量速度的测量方案，确保施工成本、施工进度和施工安全可控。

工程未动，测量先行！

控制测量是一切工程建设的基础，建立高精度控制网，是保证隧道高精度贯通的首要条件。本书主要阐述笔者在多年隧道控制测量技术攻关过程中，找到当前隧道控制测量中存在的技术难题，分别从提高洞外 GNSS 控制网精度，解决洞内短边测量难题，提高洞内导线网精度、速度、效率三个方面研究解决现有技术的缺陷，用于相向开挖长度 10km 以上的长大隧道、横向贯通精度优于80mm的平面控制测量，在行业内具有先进性、前瞻性及实用性，供大家参考。

第一讲

隧道平面控制测量关键技术概述

在隧道工程的施工过程中，从工程的启动到竣工，工程测量始终发挥着不可或缺的作用。确保隧道工程能够按照规范规定的误差范围顺利贯通，是每一位项目管理人员和技术人员密切关注的关键问题。过去，长大隧道贯通时经常出现超出允许误差范围或误差过大的情况，这不仅需要投入大量的人力和物力进行调整，还可能严重影响工程工期、质量、安全和企业的声誉。

确保长大隧道顺利贯通的关键在于精确地控制测量。控制测量根据其空间位置的不同，可以分为洞外控制测量和洞内控制测量。控制网的测量精度直接关系到隧道贯通误差的大小，因此洞外和洞内的控制测量具有同等的重要性。长大隧道工程通常位于地形复杂的高山峡谷中，自然测量条件极其苛刻。在洞外进行选点和埋桩时，很难找到合适的位置；而在隧道内部进行控制测量时，施工干扰、自然环境和设计因素等带来的困难则更为严峻。由于高精度电子水准仪的应用和高程测量的特性，高程贯通误差能够得到很好的控制，并且很容易达到精度要求。因此，高程控制测量不在本书的研究范围之内。本书中提到的控制测量专指平面控制测量。

随着卫星测量技术的广泛应用，隧道洞外平面控制测量大多采用卫星定位，洞内目前依旧只能使用精密导线测量方法。在隧道洞外，由于 GNSS 控制网精度不足，使用全站仪进行检测时，常常会出现 GNSS 坐标反算边长、与全站仪所测边长不相符、角度不一致的情况。洞内导线测量可能会受到通视距离短、对中误差的影响，以及隧道坑壁对视线产生旁折光的影响等，致使隧道贯通误差过大，进而引发隧道衬砌侵限，甚至会对轨道平顺性产生影响，给工程带来较大的经济损失，还会使工程出现瑕疵，带来系列安全问题。所以，如何提升长大隧道的贯通精度，是当下亟待解决的问题。对于隧道控制测量工作，研究重点在于如何克服上述现有的困难状况，提高测量精度，以满足隧道高精度贯通的要求。在确保测量精度的基础上，再去思考如何提高测量效率、加快测量进度，尽可能减少因配合洞内控制测量而停工的时间。

第二讲

高精度隧道独立控制网建立方法

建立平面控制网采用GNSS测量技术，形成逐级紧密相扣的控制体系。施工测量是在设计控制网的基础上进行复测、加密、衔接。隧道贯通误差总是存在并需调整处理，贯通误差大小不同，对工期和施工成本的影响自然不同，误差超限，意味着发生了测量事故。控制隧道贯通误差最重要、最基础的工作就是洞外高精度控制网的建立。

《高速铁路工程测量规范》（TB 10601—2009）规定："当线路控制网精度不能满足隧道控制测量要求时，应建立隧道独立控制网，并与隧道洞口附近线路控制点联测。"

高铁隧道测量惯用的建立隧道独立控制网的方法有以下两种。

（1）择优选取部分满足复测要求的设计控制点，将隧道控制网整体强制约束平差，得到隧道控制网坐标成果。

这种处理方式的缺陷是：要与原设计控制点过多地契合，部分已知点本身包含的误差，影响隧道贯通误差，降低了控制网本身精度，内符合性相对较差。因设计投影面高程不吻合，还造成全站仪测边成果和 GNSS 测量反算边长成果出现系统差。对于曲线隧道或有斜井、横洞时，会严重影响隧道横向贯通精度。

这种处理方式的优点是：可以与隧道两端既有设计工程顺利衔接。

（2）在隧道的一端择优选取一个原设计控制点作为已知点，在隧道另一端择优选取一个原设计控制点，两点的连线方位作为已知方位，即传统的 GNSS 一点一方位进行平差，得到隧道控制网坐标成果。

这种处理方式的缺陷是：会将原控制网的误差集中推到隧道的一端，与隧道另一端相邻控制点间形成断链，在衔接部分控制点出现一个点位两套坐标成果的情况。对现场施工测量造成诸多不便，极易因用混坐标造成事故，后期还需要通过设计单位推算统一里程才能消除断链的不利影响。

这种处理方式的优点是：隧道独立控制网本身精度得到提高，内符合性比较好，保证隧道在独立坐标系统内很好地贯通。

常用的两种测量方法各自有内符合精度低、投影面不吻合、误差累积、形成断链等多种缺陷，都会对隧道工程的贯通和整体衔接造成影响。

为克服以上现有测量技术的缺陷，笔者研究出基于已有 GNSS 控制网的高精度隧道独立控制网建立技术。

一、创新方法概述

为克服现有技术建立长大隧道 GNSS 独立控制网的缺陷，改变建立隧道独立控制网的传统模式，采用减少使用设计控制点、改变设计投影面的隧道独立控制网建立方法，即依据隧道原设计 GNSS 控制点复测结果，在隧道进出口两端择优各选取一个原设计 GNSS 控制点，作为隧道独立控制网的已知点。约束平差得到包含原设计 GNSS 控制点和施工加密控制点的隧道独立控制网坐标成果。然后用全站仪精确测定各洞口通视的控制点间水平距离。此时，假设 GNSS 和全站仪测量结果均准确，算出每条全站仪测量边长投影改正后与 GNSS 边长完全吻合时的对应投影面高程。将多条边对应投影面高程求算术平均值，作为隧道独立控制网的投影面高程，在后续做隧道洞内控制测量时，所有全站仪测量的导线边长投影到本投影面上后，用于平差计算导线坐标。另视进出口相邻控制点差异大小，往两边延伸 2~3 个控制点做平滑处理，与相邻控制点实现顺利衔接。

下面将结合附图和实施案例对“基于已有GNSS控制网的高精度隧道独立控制网建立方法”作进一步说明，见图1。

二、创新技术步骤

1. 复测择优选择2个控制点

依据隧道原设计GNSS控制点复测结果，与设计坐标较差小、边长相对精度高、方位误差较小和相邻控制点搭接影响较小等指标综合考虑，在隧道进出口两端择优各选取一个原设计GNSS控制点，作为隧道独立控制网的已知点。

2. 两点约束平差

用第一步择优选出的2个原设计GNSS控制点作为已知点，约束平差得到包含原设计GNSS控制点和施工加密控制点的隧道独立控制网坐标成果，作为隧道洞内导线测量引测进洞的依据。

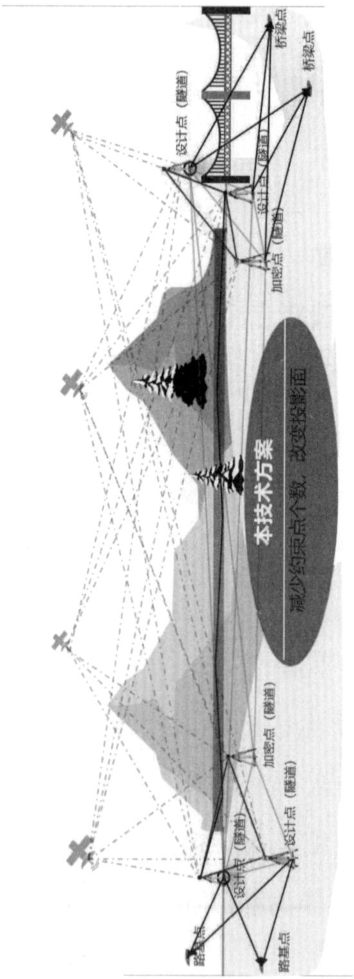

图 1 基于已有 GNSS 控制网的高精度隧道独立控制网建立示意图

3. 精确测定点间水平距离

用经检校合格的全站仪，精确测定隧道进口、1 号斜井、2 号斜井等出口互相通视的 GNSS 控制网边水平距离，所测距离是经过温度、气压、仪器加常数、乘常数改正后的水平距离 S_{AB}。

4. 反算每条边与 GNSS 反算距离吻合时的对应投影面高程

假设 GNSS 坐标反算距离和全站仪测量水平距离结果均准确，忽略正常情况下的测量误差，反算出每条全站仪测量距离投影改正后与 GNSS 坐标反算距离完全吻合时的对应投影面高程。

计算需要的每个 GNSS 控制点高程值，可由 GNSS 测量数据提取大地高进行换算，$H_{大地高}=H_{正常高}+\zeta_{高程异常}$，计算出每个控制点 $H_{正常高}$。也可采用水准测量成果、三角高程测量成果。

按式（1）进行隧道 GNSS 独立控制网坐标反算距离计算：

$$S_{GNSS}=\sqrt{(X_{终点}-X_{起点})^2+(Y_{终点}-Y_{起点})^2} \tag{1}$$

按式（2）进行全站仪测量水平距离，计算高斯投影和高程投影改正：

$$S_{全站仪}=S_{AB}+\left(\frac{Y_m^{\ 2}}{2R_m^{\ 2}}\right)+\left(\frac{H_m-H_{AB}}{R_m}\right)\times S_{AB} \tag{2}$$

式中：$S_{全站仪}$为改正后全站仪测量点 A 到点 B 边长水平距离，m。

H_{AB} 为实测边长 AB 的平均高程面，$H_{AB}=\dfrac{H_A-H_B}{2}$，m。

H_m 为隧道独立坐标系统投影面高程，m。

R_m 为参考椭球面在地面边 AB 中点的平均曲率半径，m。

S_{AB} 为全站仪测量点 A 到点 B 边长水平距离，m。

Y_m 为点 A、点 B 近似横坐标平均值，$Y_m=\frac{Y_A-Y_B}{2}$（此处应减去为了避免横坐标出现负值的加常数 500km），m。Y_A、Y_B 分别为点 A、点 B 的横坐标。

忽略正常情况下的测量误差，假设 $S_{GNSS}=S_{全站仪}$，根据式（2）的已知数据反算出当此等式成立时每条边对应的投影面高程 H_m。

5. 计算隧道独立控制网投影面高程

将多条边对应的投影面高程求算术平均值，作为隧道 GNSS 独立控制网和洞内导线的投影面高程值，在后续做洞外、洞内控制测量时，所有全站仪测量的导线边长投影到本投影面上后，用于平差计算导线坐标。

将反算出的每条边对应的投影面取算术平均值，作为本隧道 GNSS 独立控制网投影面高程 $H_{投}$。在后期做隧道洞内控制测量时，所有全站仪测量

的导线边长投影到 $H_{投}$投影面后，用于平差计算导线坐标。

此时全站仪测量距离经投影改正后，与 GNSS 结果吻合精度非常高，能够满足隧道高精度贯通需要。

6. 隧道进出口相邻控制点衔接

视隧道进出口相邻原设计 GNSS 控制点坐标差异大小，往两边延伸 2~3 个控制点做平滑平差处理，与相邻控制点衔接。

平滑平差处理后，衔接点坐标成果与原设计成果差值一般为几毫米，对于隧道进出口外的路基、桥梁工程来说，此影响可以忽略，隧道进出口与两侧既有设计工程完全衔接。

至此，基于已有 GNSS 控制网的高精度隧道独立控制网建立完成。

三、创新效果

本创新技术兼具两种测量方法的优点，完美克服了现有技术的缺陷，控制网精度得到质的提升。

建立的控制网精度高。通过复测选点、约束平差、全站仪测距、反演投影面、计算投影面、平滑平差处理等系列措施，缩减使用原设计控制点，改变设计控制网投影面，与原相邻工程顺利搭接，克服现有技术内符合精度低、投影面不吻合、误差累积、形成断链、衔接点成果多套等缺陷，达到建立高精度控制网的目的。

创新技术简单易掌握，不新增投入。本技术测量时，仅需用已有的全站仪观测各洞口通视边的距离。创新技术 6 个步骤中涉及的方法，拆开来看都是常规操作和简单计算，易于被行业人员轻松掌握。

第三讲

困难条件下山区长大隧道洞口控制网测量方法

GNSS 测量的精度取决于卫星的数量、卫星的分布、接收机的信号处理能力以及环境条件等多个因素，隧道贯通的精度取决于控制测量的精度，即进洞边的方位精度，而方位精度由对空观测条件和 GNSS 边的长度决定，恰恰这些是用户都不能改变的，这就造成控制网精度低、方位误差大、垂线偏差大等不利结果，严重影响隧道正确贯通。

一、创新方法概述

为克服隧道洞口 GNSS 观测条件差、通视边短、GNSS 控制点高差大等严重影响隧道正常贯通的历史难题，改变行业人员受制于自然条件靠天吃饭的状态，充分利用 GNSS 长距离测量的优势来获取洞口的高精度 GNSS 控制点。再利用全站仪进行短距离测量，连接这些 GNSS 控制点以生成高精度的导线点。经过一系列技术融合处理，实现在困难条件下建立高精度隧道控制网的目标。即扩大GNSS控制点的测量点位布设范围，只需保证GNSS观测条件良好且点与点之间的边长足够长，无须考虑直接通视性。在使用GNSS测量技术测得高精度的GNSS控制点坐标基础上，以洞口附近引导进入隧道的控制点为中心，分别向已布设的GNSS控制点布设导线点，并通过全站仪测量角度、边长进行连接。同时，以两个已知的GNSS控制点组成不同的连接路线，计算出各连接路线上导线点的坐标以及各边的方位角。对不同路线上相同点的坐标和相同边的方位进行重复比较校验，对形成闭环图形的进行闭合差检验，对不同路线形成的夹角与全站仪实测的角度进行校验。对通过计算得到的导线点坐标和边的方位角进行精度评估，最后，将通过融合处理得到的导线结果用于指导隧道的施工。

下面将结合图2~图7和实施案例对本讲介

绍的“困难条件下山区长大隧道洞口控制网测量方法”作进一步说明，GNSS 良好观测条件见图2，工作中实际困难观测条件见图3。

图 2　GNSS 仪器中心水平面 15° 以上范围尽量无遮挡的良好观测条件

图 3　山区隧道洞口遮挡严重的 GNSS 困难观测条件

gps1、gps2、gps3 代表常规方法所选控制点，GNSS1、GNSS2、GNSS3 代表本技术设置的控制点，A、B、C、D、E 代表本技术所用导线点，本技术测量原理见图 4。

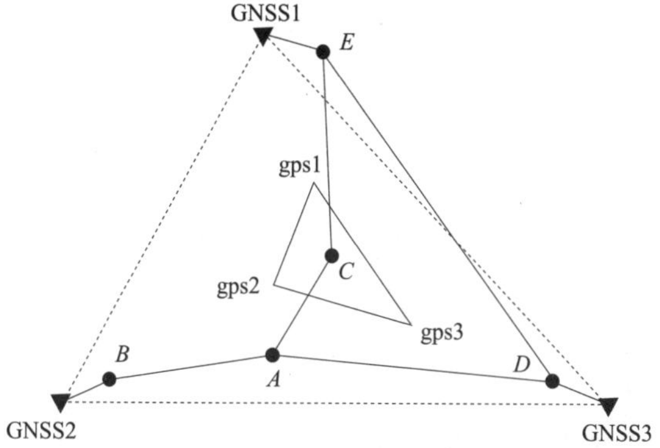

图 4　困难环境洞口控制网点布置及测量原理示意图

二、创新技术步骤

1. GNSS 控制点布设及原则

在洞口现场向外扩展，选择满足 GNSS 观测条件良好且点之间边长足够长的 GNSS 控制点，原则是高差小、观测条件好、GNSS 点间距离长，但无须考虑 GNSS 控制点间直接通视。

如此选点测量，容易程度成倍提升，GNSS 点位精度高，GNSS 控制点间距离成倍增长，即使点位观测条件稍差，因边长比较长，测量所得方位精度不会受到大的影响。困难环境洞口控制网点布置见图 5，JM1107、JM1108、JM1110、JM1112 对应图 4 中的 GNSS1、GNSS2、GNSS3，点与点之间边长较原 gps1、gps2、gps3 间长度成倍增加。

2. GNSS 控制点测量

在 JM1107、JM1108、JM1110、JM1112 上架设 GNSS 接收机，与隧道进出口及其他已知控制点组网观测，控制网 GNSS 测量见图 6。技术要求执行隧道控制网对应等级技术要求。本案例按铁路 GNSS 一等网测量，测得各控制点坐标。

图5　困难环境洞口控制网点布置示意图

图 6　控制网 GNSS 测量

本案例将 JM1104、JM1105、JM1111、JM1113 也纳入 GNSS 网同精度观测，备分析检验之用。

3. 导线控制点布设及测量

（1）点布设。以洞口附近引测进隧道的控制点 JM1108（根据条件，也可不是洞口点）分别向 JM1107、JM1110 布设过渡导线点 JM1105、JM1113、JM1104、A_1、A_2、B_1、B_2，向 JM1112 布

设导线点 JM1111、C_1、C_2。这些导线点对应图 4 中的 A、B、C、D、E，起过渡衔接作用。

相邻点只需按全站仪导线通视要求布设即可，点间距离几十至上百米不等，没有长度要求，无须对空观测条件，选点灵活。

（2）全站仪导线控制点测量见图 7，用全站仪在 JM1110、A_1、B_1、A_2、B_2、JM1104、JM1105、JM1113、JM1108、JM1111、C_1、C_2 上架设全站仪，按图 5 所画导线，测量相邻点间角度和边长等数据。

每测站导线测量完成一半测回数，换镜位后完成剩余测回。换镜位就是将对中器位置转动 180°，重新整平对中。

图 7 全站仪导线控制点测量

4. 全站仪导线测量数据预处理

要克服山区困难条件所设的导线，点与点之间距离较短且长短不一，微小的对中误差、偏心差、设备生产误差等都会对测得的角度产生较大影响。

短边会出现换镜位前和换镜位后角度相差较大的情况，需要进行查看检验，排除其他粗差的可能性。

按不同边长各种偏差达最大值横向 2mm 偏差引起的角度变化量为限差衡量，分析比较无粗差后，取角度和边长平均值供后续使用。导线数据预处理按行业规范进行温度、气压、加常数、乘常数、高程投影、高斯投影等改正计算。

剥离出独立的线路数据，分别平差查看角度、距离改正值是否正常，如有异常进行复测确认。

5. 导线数据处理

按图 5 中相邻导线点组合 9 条不同线路独立计算，各条线路均只采用首尾 2 个 GNSS 控制点坐标为已知点，分别计算出各条线路上导线点的坐标和边的方位。

约束平差计算方法有三种：第一种是用平差软件平差；第二种是近似平差；第三种是角度距离综合定权、坐标增量闭合差按在 2 个 GNSS 控制点连线上投影长度比例分配。经计算对比，当GNSS成果和导线测量成果匹配较好时，三种方法的结果差异不大，但是第三种计算方法结果更优，推荐使用第三种方法。

6. 成果检验

（1）重复测量边方位检核

用JM1107、JM1110为不同端点，经4条不同线路，分别计算得到JM1108~JM1105、JM1108~JM1113等多条边各4个方位角值：JM1108~JM1105最大最小间较差仅为1.2"，JM1108~JM1113最大最小间较差仅为1.3"，JM1104~JM1105最大最小间较差仅为1.2"，充分证明本技术方法的可靠性。

（2）夹角检核

用计算所得的导线边方位计算每个导线点的水平夹角，与全站仪精确测定夹角相比较，比较结果见表1。

表 1 新技术与全站仪测量角度比较

测站	方向点	新技术角度（d. ms）	全站仪角度（d. ms）	角度较差（"）
JM1108	JM1105	0.00000	0.00000	0.0
	JM1113	1.41591	1.42003	+1.2
	JM1111	215.00004	214.59584	–2.0
JM1105	JM1108	0.00000	0.00000	
	JM1104	148.27021	148.27020	–0.1
JM1113	JM1108	0.00000	0.00000	
	JM1104	147.30222	147.30222	0.0

从夹角检核结果看，完全独立的线路、独立的已知点计算出洞口导线边方位角，在有 54m 短边的情况下，最大夹角较差仅 3.2"。

（3）闭合环闭合差检核

用计算所得的导线边方位计算每个导线点的水平夹角，计算如图 5 中形成的闭合环闭合差。本例中有 2 个闭合环：① JM1108~JM1113~JM1104~JM1105~JM1108, ② JM1104~A_2~A_1~JM1110~B_1~

B_2~JM1104。

经计算，①号环闭合差为 0.4"，②号环闭合差为 0.0"。

7. 技术成果交付

经以上重复边、夹角、闭合环闭合差等多项间接方法检验，充分证明了本技术方案的可行性和可靠性。最后，将有多条线路计算成果的导线点，特别是洞口附近点位稳固、通视边长相对较长的导线点坐标取算术平均值后，作为洞内导线控制测量的起算数据。

三、创新效果

本技术通过 GNSS 与全站仪结合在测量方法和数据处理上创新，有效解决了隧道控制网测量精度多年来受制于自然环境条件而无法改善的状态，所建洞口控制网精度完全能满足长大隧道精度需求。

第四讲

洞内控制测量虚拟双导线测量方法

在隧道工程的施工进程中，测量工作贯穿整个施工流程。对于每个工程项目的管理者和技术负责人而言，隧道能否在规范所允许的误差范围内精确贯通，是需要重点关注的事项。

由于隧道洞内位置的特殊性，控制测量只能采用导线测量，几十年来都未曾有更好的测量方法取而代之。洞内控制测量的精度直接决定隧道贯通误差的大小，而洞内控制测量的速度则决定隧道测量所需的时间，进而间接对工期和施工成本产生影响。特别是在长大隧道施工中，为了获取理想的测量效果，往往需要停工通风以确保良好的观测条件。然而，停工就意味着大量人员和机械设备窝工，从而增加费用；停工还意味着占用原本就紧张的施工时间，影响工期。可是，如果没有良好的观测条件，隧道洞内控制测量就无法完成，或者测量成果的精度不高，这样就无法为隧道施工提供可靠的测量依据。这一矛盾始终存在。

在确保测量精度的前提下，如何节约成本、提升测量效率，最大限度地减少因停工配合洞内控制测量而耗费的时间是本项技术研究要达成的根本目的。

地下隧道洞内控制测量的发展，均围绕仪器硬件设备和内业数据处理软件。仪器和软件的发展现在已经达到一定高度，短期内再往上发展已经变得非常困难。地下隧道由于其所处位置的特殊性，不得不长期使用传统的双导线进行测量，几十年来一直没有新的测量方法替代它。

众所周知，隧道洞内测量成本主要体现在三方面。

一是选点埋桩布设控制网。支导线相对双导线形式简单，布设灵活，但精度低且无检核条件；双导线测量成果可靠，但选点埋桩、外业测量工作量是支导线测量的 2 倍。

二是外业测量数据收集。隧道洞内导线外业测量时，准备工作做好后，每测站测量的时间是相对固定的，对于不同操作人员，测量时间也没有多大差别。隧道洞内导线控制测量的时间，大部分用在找点、清理视线上障碍物、连接照明设备、架设测量设备等辅助准备工作上，外业测量与隧道施工相互交错影响，测量效率极其低下。对于长大隧道，由于传统的双导线测量工作量大，测量时间长，测量效率低，不但自身测量成本居高不下，而且要保证高精度观测条件需要现场停工通风排烟来配合，测量时间长短直接影响直接测量成本、施工成本、施工进度。测量数据采集成本占整个测量项目成本的60%~70%。

三是内业成果数据处理。由于计算机和内业计算软件的发展，各种成熟的软件繁多，诸如武汉大学测绘学院、清华大学等各设计院所，还有中铁二局开发的 TCAS、GSP 等多种平差软件，本质上并无大的差异，不同的测量人员在处理内业成果数据时效果相差无几，或通过适当培训达到一定熟练度后，并无多少提升空间。

经过以上分析，要想地下隧道洞内控制测量成本得到控制，测量效率得到提高，减少由于隧道洞内控制测量对施工工期、施工成本造成的影响，只能在选点埋桩布设控制网和外业测量数据收集两个环节上寻找突破口。通过长期的测量实践和摸索，笔者总结提出了隧道洞内控制测量虚拟双导线测量技术。

一、创新方法概述

本技术采用一实（支导线）一虚（虚拟支导线）组合而成的虚拟双导线测量方案。在进行地下隧道工程控制测量过程中，先是通过内业测量将一条真实存在的支导线一分为二，理论上成为一实一虚的两条支导线。两者组合形成虚拟双导线，对虚拟双导线的外业测量，实际是对同一支导线进行独立的多余观测。在测量过程中由于不可避免的测量误差，使原本重合的一实一虚导线点坐标成果真实情况也一分为二不再重合，成为真正意义的双导线，让常规支导线具备双导线的一切技术特征。可以用既有的测量理论和平差方法进行外业测量及内业数据处理、精度评定，得到等同于传统双导线精度的结果。最后将支导线点及其对应的虚拟导线点坐标成果取加权平均值又将其合二为一，融合还原为一条支导线成果。在传统双导线基础上又一次提高了导线精度和可靠性，所以本虚拟双导线测量成果为等同甚至超越传统双导线精度的一条支导线，应用于长大隧道洞内控制测量。

二、创新技术步骤

1. 隧道洞内现场选埋控制点

地下隧道工程一端洞口外有 K_1……K_4 隧道洞外控制点，沿隧道开挖掘进方向选择最有利的测量条件选埋一条支导线，依次标识清楚编号 D_1……D_n，画出所布设的支导线示意图，见图 8。

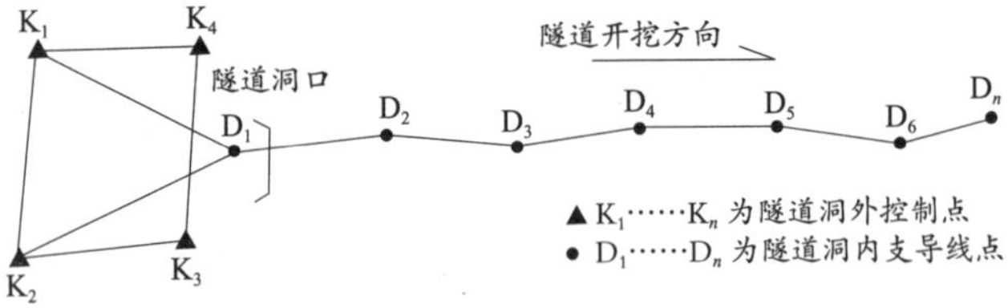

图 8　支导线示意图

此为现有的传统支导线布置方法，桩点位置选定、埋设与支导线完全相同，如图 9 中 D_1……D_n 为实际选埋导线点，支导线布设简单、灵活。由于只是简单的单点连接，很容易最大限度选择好的通视条件和观测条件，很大程度避免了地下洞室内双导线点布设由于场地狭窄、施工干扰、通视条件不佳、旁折光影响等因素造成选点布设困难的问题，而且大大减轻了桩点埋设的工作量，相比传统双导线，降低了埋桩成本50%。

2. 内业构建虚拟导线点组成虚拟双导线

如图9所示，在所布设的支导线示意图上，在原实际埋设支导线 D_1……D_n 的一侧内业构建一条虚拟支导线 XD_1……XD_n，D_1……D_n 与 XD_1……XD_n 画在示意图上一一对应。虚拟支导线点号编号并无特殊要求，只需要和原支导线点明显区分开来，一般统一前缀或后缀字符进行标识，便于后续虚拟双导线点对的判断，实际观测时测量人员应根据测站编号所对应的前后视点号，与测站工作人员核对清楚即可，虚拟导线点与原实际埋设支导线一起按《高速铁路工程测量规范》

（TB 10601—2009）的要求，4~6 个点构成一个闭合环，组成虚拟双导线。

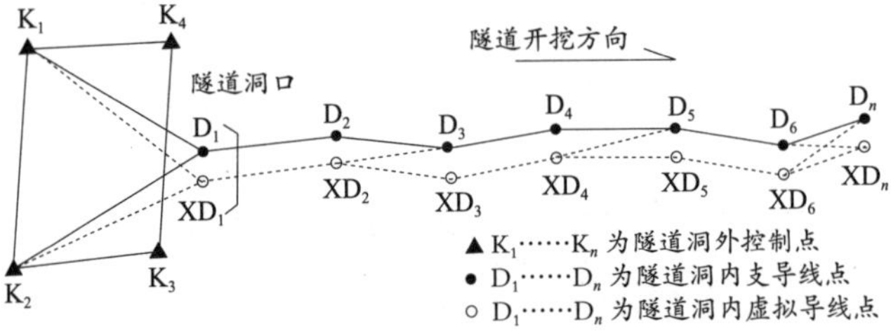

图 9 虚拟双导线示意图

内业构建的虚拟支导线 XD_1……XD_n 实际点位就是 D_1……D_n，可以假想为无限接近的成对控制点。通过本技术方案，达到既节省 50% 埋桩成本，又能有足够的点组成双导线的目的。

3. 虚拟双导线外业数据采集

严格按图 9 内业构建的虚拟双导线进行外业测量，收集合格的水平角度、导线边长等导线测量外业数据。

依据相关测量规范、隧道长度、洞内测量设计等，选取测量外业相关技术指标和测量设备进行外业测量，以图 9 中 D_2 和 XD_2 一对点观测方法加以说明，其余测站类推。

清理测量点位、测量环境和测量视线上的障碍物，将测量仪器架设在 D_2 测站上，辅助人员将测量反射镜觇标分别架设于 D_1 和 D_3 上整平对中，测量仪器和测量反射镜觇标各自记下光学对中器对中时的方向和整平时水准管方向，连接好测量反射镜觇标照明灯光，起始观测方向选为 D_3，按盘左照准 D_3 读数、盘左顺时针转到 D_1 照准读数、倒镜盘右照准 D_1 读数、盘右逆时针转到 D_3 照准读数的顺序完成一个测回测量，并记录水平角度、导线边长等数据，依此类推，完成 D_2 测站其余测回工作，这样在记录上反映测出的水平角度为 $\angle D_3\text{-}D_2\text{-}D_1$，即以 D_2 为顶点，D_3 顺

时针转到 D_1 的水平夹角。

XD_2 测站与 D_2 虽是同一控制点位，但要将其当作独立点重新架设仪器，独立完成数据观测。此站观测原始数据时，要调换后视控制点，即起始观测方向选为 XD_1，目的是对照拟订的示意图与前后视指辅助人员核对记录的方向顺序和点号是否正确，防止错误。

将测量仪器和测量反射镜觇标光学对中器对中方向和水准管整平时方向均旋转 180°，进行重新精确对中整平，即完成 XD_2 测站仪器架设，然后按盘左照准 XD_1 读数、盘左顺时针转到 D_3 照准读数、盘左微动仪器重新照准 XD_3 读数、倒镜盘右照准 XD_3 读数、盘右微动仪器重新照准 D_3 读数、盘右逆时针转到 XD_1 照准读数的顺序，完成一个测回测量，并记录水平角度、导线边长等数据，依此类推，完成 XD_2 测站其余测回工作，这样在记录上反映测出来的水平角度为∠ XD_1-

XD_2-D_3 和 ∠ XD_1-XD_2-XD_3，即以 XD_2 为顶点，XD_1 顺时针转到 D_3 和 XD_3 的水平夹角。数据采集示例见图 10。

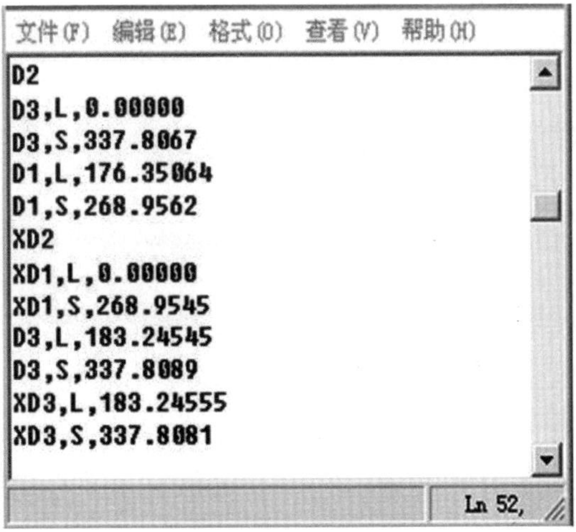

图 10　数据采集示例图

每一条连线即代表一个观测方向，D_3 和 XD_3 名为两个点，实际为同一个点位，但观测时按两个独立控制点进行独立照准观测。进行虚拟双导

线内业构网时将 XD_n 全部画在 D_n 的一侧只是便于查看，由于测量误差的偶然性，实际测量结果 XD_n 可能处于 D_n 周围随机位置，见图 11，但这不影响控制网的构成、测量和计算。

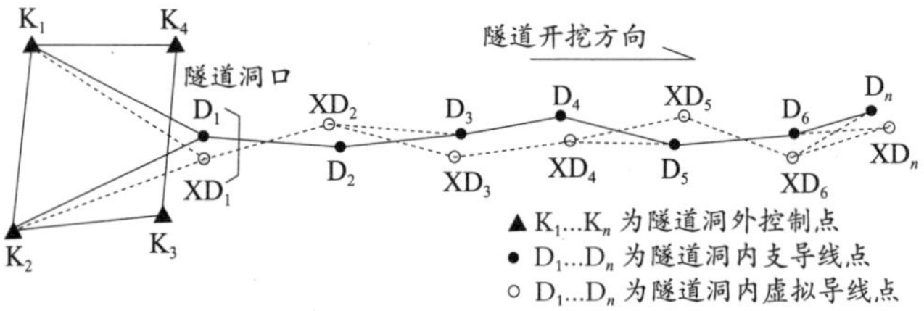

图 11　随机虚拟双导线示意图

观测过程中，传统的双导线测量，测站至少需 1 个人操作仪器，前后各需要 2 个人架设测量反射镜觇标，一个测量小组最少需要 5 个主要测量人员，而本技术方案中由于 D_n 和 XD_n 是一个点位，前后架设测量反射镜觇标各需要 1 个人，一个测量小组只需要 3 个测量人员，因此可以节省 40% 左右人力成本。由于 D_n 和 XD_n 是一个点位，在由 D_n 换到 XD_n 测站时，测量仪器和测量反射镜觇标光学对中器对中方向和水准管整平时方向均旋转 180°，以进行重新精确对中整平即完成架设，测量仪器和测量反射镜觇标均是在 D_n 测站粗平的基础上进行，可以快速地完成精确对中整平，而且测量点位、测量环境和测量视线上的障碍物清理、照明灯光等一切在 D_n 测站时已经准备就绪，此步骤与传统双导线测量相比，视现场环境条件可以节省 30%~50% 甚至更多的准备工作时间。D_n 测站和 XD_n 测站，测量仪器和测量反射镜觇标光学对中器对中方向和水准管整平时方向均旋转 180°，进行重新精确对中整平，测量水平角度分别为 D_n 的左角和右角，不但额外增加∠左 + ∠右 =360°、∠ D_3-XD_2-XD_3=0° 等检核条件，还因为后面将 D_n 和 XD_n 取加权平均值使用，可以抵消大部分因设备校正不完全而引起的测量误差，从而提高导线精度。

4. 虚拟双导线内业数据处理

将合格的外业数据进行处理，严密平差后得到虚拟双导线各导线点坐标成果。

数据处理时按传统双导线数据处理方法进行，计算过程均可由相应的测量软件完成。计算软件不限，行业内惯用的平差软件均可用于本工作法测量数据平差。

启动虚拟双导线辅助程序软件，设置工作路径，选择平面数据文件（工程名.in2）、近似坐标成果文件（工程名.ou2）、近似高程成果文件（工程名.ou1），勾选设置Y坐标加常数、投影面高程，点击“投影计算”按钮，即可直接得到“工程名投影后.in2”的平面数据文件，存入路径目录。

类似有投影改正功能的软件计算均可。

按式（3）进行边长投影改正计算。

$$\Delta S=\left(\frac{Y_m^{\ 2}}{2R_m^{\ 2}}\right)-\left(\frac{H_{AB}-H_m}{R_m}\right)\times S_{AB} \qquad (3)$$

式中：ΔS 为点 A 到点 B 边长投影长度变形值，m。

H_{AB} 为实测边长 AB 的平均高程面，$H_{AB}=\dfrac{H_A+H_B}{2}$，m。

H_m 为隧道坐标系统投影面高程，m。

R_m 为参考椭球面在地面边长 AB 中点的平均曲率半径，m。

S_{AB} 为点 A 到点 B 实测边长值，m。

Y_m 为点 A、点 B 近似横坐标平均值，$Y_m=\dfrac{Y_A+Y_B}{2}$（此处应减去为了避免横坐标出现负值的加常数 500km），m。Y_A、Y_B 分别为点 A、点 B 横坐标，m。

计算虚拟双导线闭合环闭合差和坐标闭合差，如闭合环 K_1–D_1–D_2–D_3–XD_2–XD_1–K_1、闭合环 XD_2–D_3–D_4–D_5–XD_4–XD_3–XD_2、闭合环 XD_4–

D_5–D_6–D_n–XD_6–XD_5–XD_4 等，检查外业测量数据质量是否满足规范要求，发现粗差和错误，见图12。

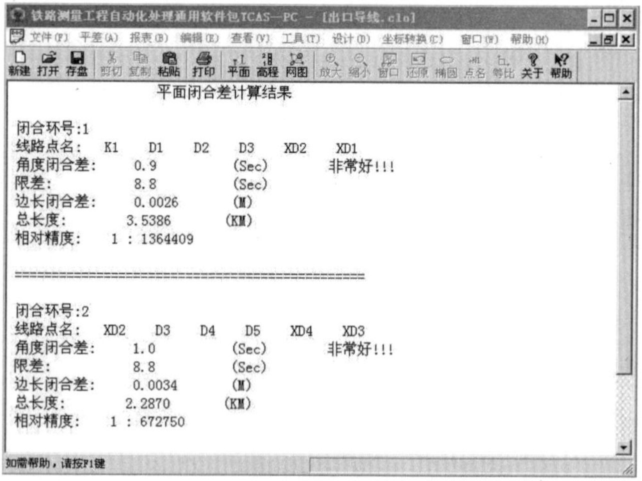

图12　平面闭合差计算示意图

按式（4）根据闭合差计算测角中误差，根据计算的虚拟双导线测角中误差，评定测角精度是否满足规范中规定的相应等级的精度。

$$Y_m=\sqrt{\frac{1}{N}\left[\frac{f_\beta^2}{n}\right]} \quad (4)$$

式中：m 为虚拟双导线测角中误差，s。

f_β 为虚拟双导线环角度闭合差或附合导线的方位角闭合差，s。

N 为虚拟双导线环及附合导线的个数。

n 为计算 f_β 时相应测站数或多边形边数。

最后，采用平差软件对测量合格的数据进行严密平差，得到虚拟双导线各导线点坐标成果，并对平差后精度进行评定，是否满足规范中规定的相应等级的精度。

以上计算方法、原理、技术指标、软件等均与传统双导线相同，无须进行任何新的投入，本工作法虚拟双导线测量结果，具有传统双导线的所有特征。

5. 虚拟双导线测量成果融合处理

将每个支导线点及其对应的虚拟导线点坐标取加权平均值，作为该导线点最终坐标，见图13。

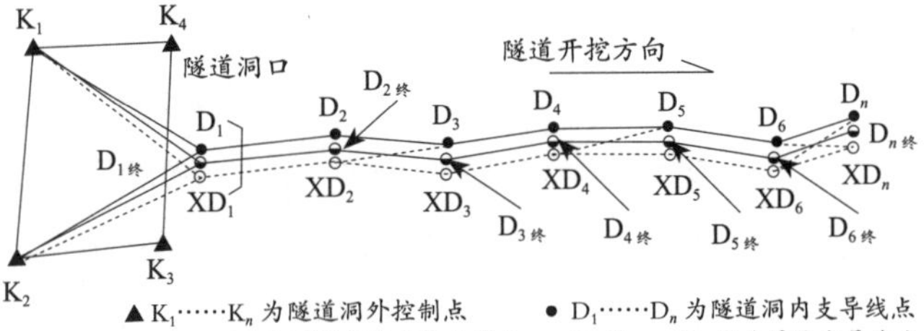

图13 虚拟双导线测量成果融合示意图

控制点 $D_{n终}$ 的 X 坐标为：

$$X_{Dn终}=\frac{(P_{Dn}X_{Dn}+P_{XDn}X_{XDn})}{P_{Dn}P_{XDn}},$$

Y 坐标为：

$$Y_{Dn终}=\frac{(P_{Dn}Y_{Dn}+P_{XDn}Y_{XDn})}{P_{Dn}+P_{XDn}}。$$

式中：P_{Dn} 和 P_{XDn} 分别为导线点对应的坐标分

量权值。

每个控制点坐标分量中误差、点位中误差依据误差传播定律公式计算。

此步骤由开发的软件一键实现功能。

启动虚拟双导线辅助程序软件，在虚拟双导线辅助程序软件里选择“工程名投影后 .ou2”路径，勾选坐标较差、虚拟点前缀、虚拟点后缀判断条件之一，点击“重新计算”按钮即可完成虚拟双导线点对坐标成果加权平均值计算、坐标分量中误差计算、点位中误差计算，点击“报表导出”按钮即可生成 Excel 格式报表文件，见图 14。

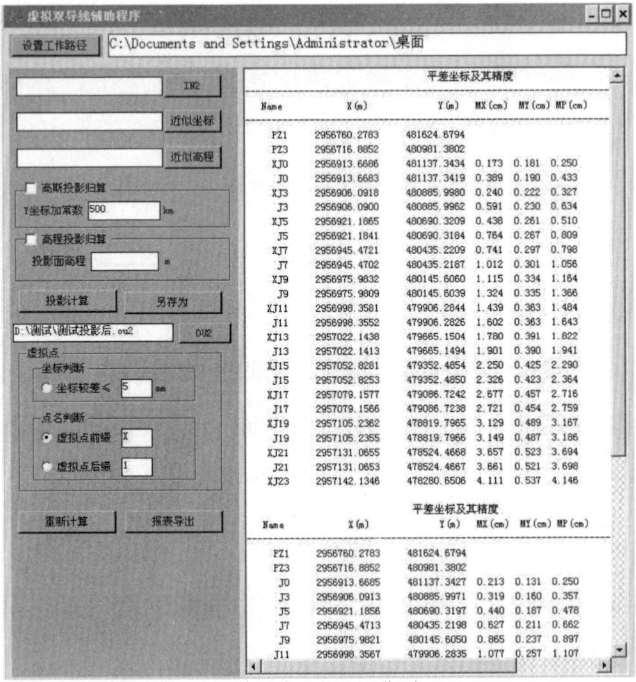

图 14　虚拟双导线测量融合计算示意图

至此，本技术隧道洞内控制测量虚拟双导线测量全部完成。

三、创新效果

测量方案的改变，使支导线具有双导线的检核、平差功能。

改变了传统的常规隧道洞内导线测量方法，且测量精度得到提高，虚拟双导线测量成果较传统双导线精度提高$\sqrt{2}$倍。

不增加任何新投入即可降低测量成本、提升作业效率，间接缩减施工成本和工期。

第五讲

超短导线边方位传递测量方法

长大隧道工程施工过程中，常常为了加快施工进度、缩短施工工期而设置斜井、平行导坑来增加施工开挖面。在斜井转入正洞、平行导坑转入正洞、绕开不良地质地段U形导洞等特殊地段进行控制测量时，由于各种因素使该处出现小半径曲线，该地段通视距离不可避免缩短，出现20~50m超短导线边，甚至更短。在测量的对中误差、仪器误差等相对固定的情况下，方位（角度）的测量误差与边长成反比，边长越短误差越大。隧道洞内控制测量精度主要取决于导线角度的测量精度，过短的导线边长严重影响测角精度及导线方位传递，导线长度越短，方位传递的误差就会越大。这导致在长距离引导隧道挖掘过程中存在较大的技术风险，有时甚至可能导致对接不准确，以至于隧道贯通形成“穿袖”现象，影响工程进度与质量，甚至给工程造成巨大的经济损失，这是隧道工程测量一直未有效解决的难题。短边方位误差对隧道长距离开挖的影响见图15。

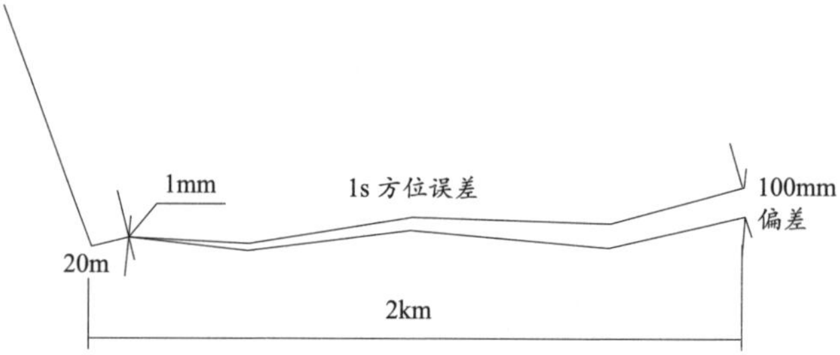

图 15 短边方位误差对隧道长距离开挖的影响

现有解决方案：

1. 陀螺仪定向

通过陀螺仪真北方位测量进行方位传递，见图16。

缺点：价格昂贵、运输不便、测量条件苛刻、测量成果可靠性有待提高。操作难度高，只有少部分测量人员可以完成这项工作，见图16。

图 16　隧道陀螺仪测量

2. 多公共转点侧方交会导线测量方法

在导线延伸路径上，布设至少两个测站点，在测站点连线方向的另一侧均匀布设若干个公共测量转点，使用高精度全站仪自动观测，对测量的斜距施加改正后计算出坐标，见图 17。

缺点：一是测量需要 5~7 台棱镜及脚架，增加设备工具购置费用；二是方向较多，测量时间也就相对较长，现场协调停工等待的时间较长；

三是测量过程中观测方向多，作业时间长，对观测人员的观测技术水平要求相对较高。

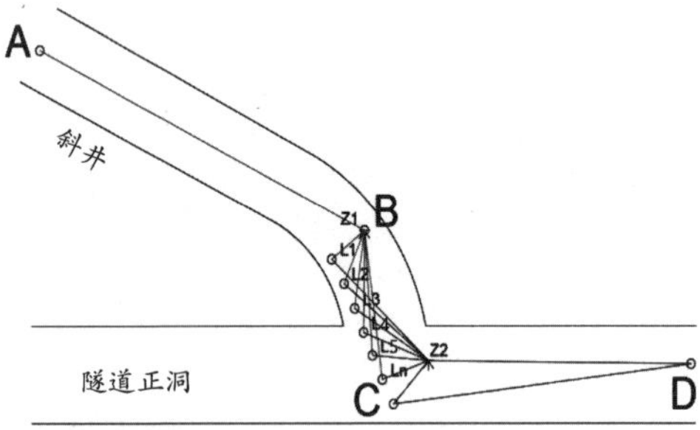

图 17　隧道多公共转点侧方交会导线测量

基于以上现有的技术缺陷，经研究改进上述方案，设计一种更快速有效、成本低廉，测量人员更容易掌握且便于操作的测量方法，解决隧道中短边方位传递测量精度、效率、实用等问题。

一、创新方法概述

本技术是一种基于直伸三角形双棱镜短边测量原理的方法。利用达到最少极限的 2 个棱镜即能实现短导线边方位高精度传递、连续短边的传递测量。测量原理见图 18。

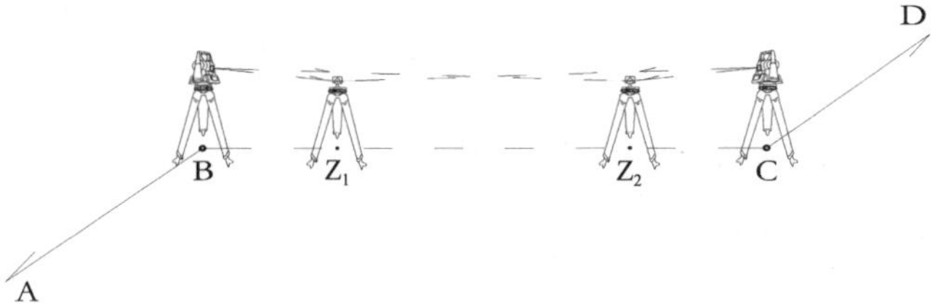

图 18　直伸三角形双棱镜短边测量原理示意图

在短边 B~C 连线上放置 2 个棱镜，B 点架设全站仪观测已知点 A，全站仪搬至 C 点安置后测量未知点 D 和 Z_1、Z_2 两个棱镜，完成上半组测量。互换 Z_1、Z_2 棱镜位置，分别在 B、C 点变动全站仪光学对中器 180º 安置仪器，分别按上半组测量过程再测一次，完成下半组测量。用上、下半组测量数据分别计算得到 C、D 点坐标和方位，取上、下半组测量结果平均值作为最后成果，就完成了已知边 AB 坐标和方位角通过 BC 短边传递到未知边 CD 测量。

导线传递的中间 2 个目标棱镜大致在短边连线上，不需要对中，消除了棱镜的对中误差。两组观测置换棱镜位置，可有效消除棱镜制造误差带来的误差影响。全站仪上、下半组换 180º 安置仪器，可有效消除仪器和光学对中器误差。本技术测量过程中全站仪仅需按常规导线测量整平对中，无须增加额外工作和特殊技巧。短边两端可见即可测，能适应现场复杂环境。测量方法、设备、软件均无新增或特殊要求，零增加投入，操作更简单。较传统导线测量、短边方位测量方法具有更高精度、效率与灵活性。

二、创新技术步骤

1. 测量短边距离

在B点或C点安置全站仪，后视C点或B点，测量B~C点间的距离$S_{B\sim C}$，距离测量无须非常准确，精度到0.1m即可。

2. 定棱镜位置

分别在B、C点距离$S_{B\sim C}/5\sim S_{B\sim C}/4$的位置定出$Z_1$、$Z_2$两个棱镜安置点，$Z_1$、$Z_2$点位于B、C点的连线上，原则上横向偏差≤2cm、$S_{B\sim Z_1}$和$S_{C\sim Z_2}$大致相等，距离差不大于0.5m。

3. 上半组导线传递测量

（1）在B点安置全站仪，分别在A、Z_1、Z_2点安置棱镜。要求B、A点安置全站仪和棱镜，按导线测量要求精确对中整平，记下第一次对中整平时光学对中器和旋转部位置。Z_1、Z_2点安置棱镜仪需大致对中整平，锁死基座旋转部，棱镜头方向对准B点全站仪，Z_1、Z_2棱镜大致等高且低于 B、C 全站仪连线方向 5~10cm，以能实现目标识别且竖直角尽量小而不互相干扰为目的。在 B 点按导线测量方法，分别测量 A、Z_1、Z_2 三个方向的方向和距离观测值。

（2）在 C 点安置全站仪，D 点安置棱镜。要求 C、D 点安置全站仪和棱镜，按导线测量要求精确对中整平，C 点全站仪与 B 点全站仪大致等高且连线高于 Z_1、Z_2 棱镜 5~10cm，以能实现目标识别而不互相干扰为目的。Z_1、Z_2 点已安置好的棱镜保持不动，依旧锁死基座旋转部，仅需轻轻转动棱镜头方向对准 C 点全站仪。在 C 点按导线测量方法，分别测量 D、Z_1、Z_2 三个方向的方向和距离观测值。

（3）因测量时最近的棱镜距仪器仅几米，在测站观测技术指标设置上可在规范基础上放大 1~2 倍，以免因距离因素造成不必要的返工重测。上半组观测值获取完成。

（4）在 B、C 点放置全站仪进行观测，经测试数据精度分析，以 0.5s 全站仪 4 个测回为标准，测完 B、C 测站为上半组，返回测完 C、B 测站为下半组，数据独立记录计算，上、下半组综合形成一组完整测量成果；一组测量方位中误差 M_β 优于 ±1.5"。

（5）上半组两站测量完成前，保持 Z_1、Z_2 两个棱镜不被移动。

4. 下半组导线传递测量

（1）将 Z_1、Z_2 棱镜互换，大致整平对中后对准 C 点全站仪。

（2）将 C 点全站仪、D 点棱镜光学对中器和旋转部位置转动 180º，重新按导线测量要求精确对中整平，D 点棱镜锁死旋转部，棱镜头方向对准 C 点全站仪。在 C 点按上半组导线测量方法，分别测量 D、Z_1、Z_2 三个方向的方向和距离观测值。

（3）在 B 点安置全站仪，A 点安置棱镜；要求 B、A 点安置全站仪和棱镜，按导线测量要求精确对中整平，且将光学对中器和旋转部置于上半组安置的 180º 位置。Z_1、Z_2 点已安置好的棱镜保持不动，依旧锁死基座旋转部，仅需轻轻转动棱镜头方向对准 B 点全站仪。在 B 点按导线测量方法，分别测量 A、Z_1、Z_2 三个方向的方向和距离观测值。下半组观测值获取完成。

5. 数据处理

将测量的上、下半组观测值，分别按导线技术要求进行加、乘常数改正，高程和高斯投影改正，用 A、B 点已知坐标，平差计算得到 C、D 两点坐标成果。

6. 成果检核

（1）一组（上、下半组合称为一组）测量方位中误差 $M_\beta = \pm 1.5''$，不同组各自测得方位较差不超 ±3" 为合格，但因棱镜制作误差对方位传递结果有较大影响，通过上、下半组交换棱镜位置来消除，因此这个指标只对高精度棱镜适用。成果取算术平均值作为一组观测的最后成果。如需提高精度和可靠性，增加测量组数。

（2）衡量两组独立观测方位是否合格的检验标准。两组方位较差极限误差为 $\pm 2\sqrt{2}\,M_\beta = \pm 4.2''$（一般情况下为 $\pm\sqrt{2}\,M_\beta = \pm 2.1''$）。本指标是按基础长度 30m 来估算的，对于其他长度按 $\pm 4.2\sqrt{30/S}$ 衡量。指标来源：首先用本技术测量多组短边（30m 为基准）。

方位传递测量数据，用 $M_\beta'' = \pm\sqrt{[vv]/(N-1)}$ 评定一组观测值方位误差。式中，v 为每组观测值与多组算术平均值之差。

（3）将经多组独立观测计算得到的 C、D 点坐标取算术平均值，作为向隧道前方引测导线的基准。

三、创新效果

本技术使超短边导线测量在常规导线测量条件差精度上提高几个量级，一次方位传递测量精度达 1.0"~1.5"，且不新增任何额外投入，方法简单易操作。

第六讲

测量对中杆圆水泡校正设备及配套使用方法

测量对中杆因其使用简单、对中整平迅速在工程施工测量中普遍使用。测量时对中杆顶端棱镜中心与下端杆尖所对目标点需要保持在一条铅垂线上，这是依靠测量对中杆上安装的圆水泡来实现的。安装好的测量对中杆圆水泡竖轴与对中杆竖轴平行，测量时依据圆水泡居中状态来确认对中杆是否处于铅垂位置，当圆水泡居中时，测量对中杆即处于铅垂位置，棱镜中心与测量目标点在铅垂线上重合，反之棱镜中心与测量目标点产生偏离。

在测量对中杆使用过程中由于运输、震动、碰撞等多种原因，使圆水泡偏离正确的位置，对中杆圆气泡居中时棱镜中心与目标点不在同一铅垂线上，就会造成测量点偏差，影响测量成果质量，造成工程缺陷甚至返工，因此需要对圆气泡进行校正。

以前检查、校正测量对中杆圆水泡，主要采

用以下两种方法。

1. 2 台全站仪校正

以对中杆为中心在 90° 方向 20~30m 设置 2 台全站仪，指挥对中杆操作者，使对中杆在 2 台仪器视线方向都保持垂直，即测量对中杆上下中心都处于仪器望远镜竖丝中心。如果此时圆水泡处于居中位置，证明圆水泡竖轴与测量对中杆竖轴平行，为正确状态。如果气泡偏离，则需要校正。校正的方法是调整对中杆圆水泡螺丝，使气泡居中，重复两三次，则对中杆与圆水泡竖轴平行得到校正，见图 19。

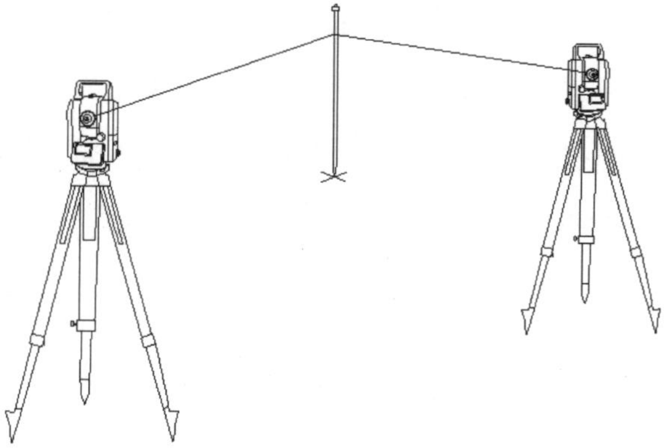

图 19　全站仪校正法

2. 悬挂垂球校正

将垂球悬挂在某一合适高度的 O 处固定位置，放下垂球线，待垂球稳定后，在垂球尖端正下方的地面上设置一个清晰的点位标记 P，使 P 点与垂球固定点 O 在一条铅垂线上，将对中杆在 P 处对中整平，将垂球固定点 O 升起至对中杆觇牌顶部，调整对中杆支架，使垂球尖端与觇牌顶部中心重合，调整圆水泡螺丝使气泡居中，重复两三次，则对中杆与圆水泡竖轴平行得到校正。此法可以一人操作，但受垂球尖端偏心、垂球摆动、目估做标记点对中等多种因素影响，耗时30min以上，而且调校精度低，见图20。

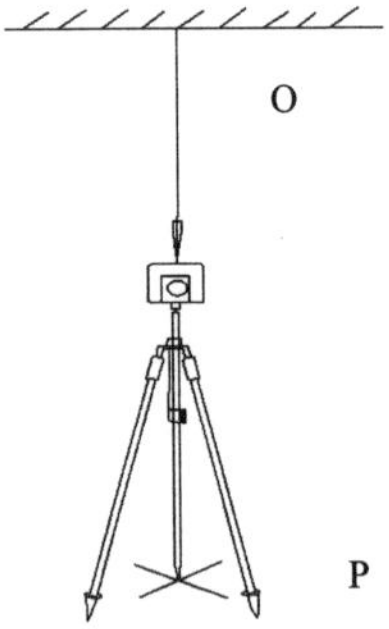

图20 悬挂垂球校正法

以上两种检查校正方法，要么需要架设2台仪器，需要多个人合作完成检查校正，要么就是校正的速度慢，校正精度极低，校正出来的测量对中杆应用范围受到极大限制。但是，施工现场测量对中杆使用频繁、作业环境复杂，检查校正工作需要经常进行，而施工现场的实际条件往往测量人员少，仪器只有1台，因此不具备第一种校正方式的条件。施工现场现状为：

（1）施工现场往往疏于对测量对中杆圆水泡的校正，出现偏离根本不知道，导致出现偏差的对中杆仍然用在施工测量上，造成修建工程出现偏差或瑕疵，甚至需要修凿来纠正。

（2）将测量对中杆送往城市专业的维修点进行检查校正，工程多处于远离城市的野外，远的甚至几百千米，造成巨大的往来费用开支不说，还影响使用。而且两次间隔时间很长，中间时间段很容易出现对中杆偏差的风险。

（3）现有校正方法校正出来的对中杆精度较低，因此行业内在进行高精度控制测量时，方便快捷的测量对中杆基本无人使用，全是采用对操作技能要求较高且速度极慢的棱镜基座。这对于测量环境比较困难且测量、施工相互干扰的作业环境，比如长大隧道洞内控制测量，测量时需要停工配合，测量作业速度的快慢，不单关乎测量本身成本的高低，更是直接影响隧道施工的工期。

一、创新方法概述

测量对中杆圆水泡校正设备及配套使用方法，其主要用于工程测量对中杆圆水泡校正。本发明设备包括：连接固定组件、自由旋转组件、支承组件三部分。连接固定组件由连接固定板、环形挡板、调节螺栓组成。自由旋转组件由大轴承、圆套管、紧固螺栓组成。支承组件由小轴承、圆垫板组成。本设备可直接用仪器三脚架连接螺栓，将测量对中杆插入圆套管内，利用 2 条相互平行的轴线，一条绕另一条旋转仍然平行的原理，进行圆水泡轴线垂直度检查校正。创新设备及使用原理见图 21。

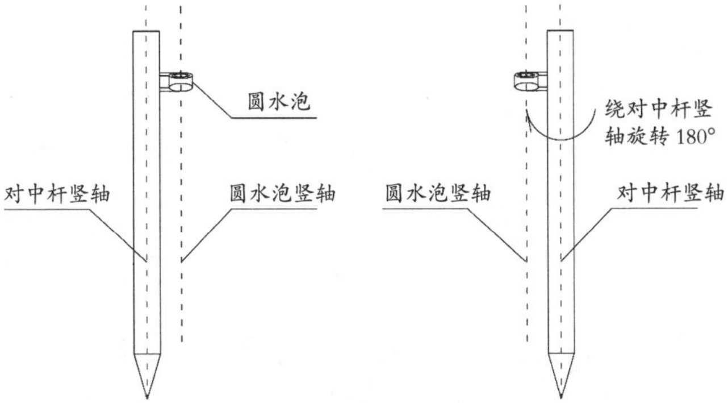

a. 原理图

b. 设备图

图 21 设备及工作原理示意图

二、创新技术步骤

结合图 22，介绍本设备的使用方法和步骤。

（1）找一处平坦的地面，架设好仪器三脚架 1，目测使仪器三脚架头部大致处于水平位置，见图 b。

（2）仪器三脚架连接螺栓 2 直接与本发明设备的连接螺栓孔 3 连接固定，设备自由旋转组件部分置于 2 台三脚架腿间。调整仪器三脚架使置平圆水泡 4 居中，使本设备连接固定板基本处于水平位置。将支承组件圆垫板 5 置于下方地面，正面限位锥形孔朝上见图 c。

（3）同心定位卡子 6 卡在测量对中杆 7 上合适位置，并插入大轴承 8 内环，测量对中杆下端杆尖置于下端支承组件圆垫板 5 的限位锥形孔中。移动支承组件圆垫板 5，使测量对中杆圆水泡 9 居中。卡紧同心定位卡子 6，转动调节螺栓 10，推动大轴承 8 移动，使测量对中杆圆水泡 9 精确居中并卡紧（带上力使其不可转动即可，不要使

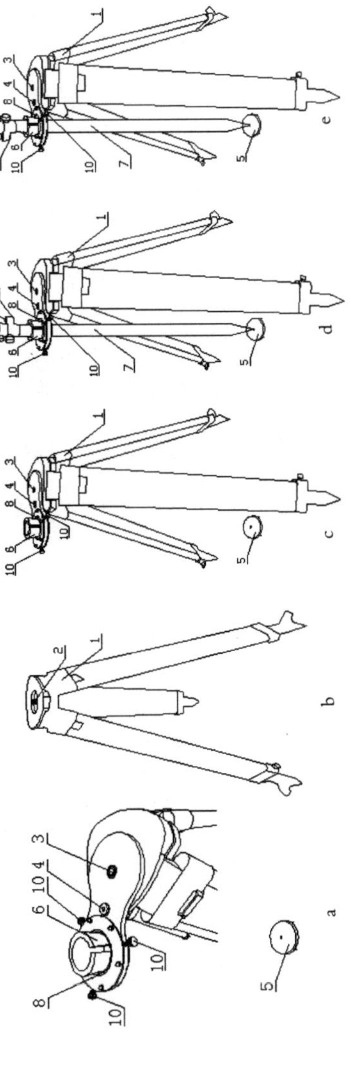

图22　校正设备及配套使用方法流程图

太大劲）大轴承 8 外环，见图 d。

（4）旋转同心定位卡子 6，带动对中杆 7 和大轴承 8 内环转动 180°，观察对中杆圆水泡 9 是否仍然精准居中。如果仍然精准居中，表示对中杆 7 竖轴与对中杆圆水泡 9 竖轴平行，不需要校正。如果对中杆圆水泡 9 偏离居中位置，表示对中杆 7 竖轴与对中杆圆水泡 9 竖轴不平行，需要进行校正。调校方法是：转动调节螺栓 10，推动大轴承 8 移动，使对中杆圆水泡 9 往居中方向移动 1/2 偏移量，剩余 1/2 偏移量采用对中杆圆水泡校正螺丝 11 进行校正，使对中杆圆水泡 9 精准居中，见图 e。

（5）重复第四步 1~2 次，当对中杆 7 转动 180° 前后对中杆圆水泡 9 均精准居中，对中杆 7 竖轴与对中杆圆水泡 9 竖轴平行，校正完成。

三、创新效果

本创新成果解决了行业多年一直无法简单快捷检查、校正测量对中杆圆水泡的问题，使对中杆校正精度提升到优于 0.5mm 级别，可用于各种高精度测量环境，特别是隧道洞内导线测量，大幅提升测量作业效率。

以上创新技术从洞外控制网测量、洞内控制网测量、困难条件下控制网测量出发，在测量精度、测量效率以及测量辅助工具等多方位进行组合，进而形成一套完备的高速铁路长大隧道控制测量综合方案。

该方案中的多项技术填补了行业技术空白，成功解决了当前长大隧道控制测量中极具代表性的主要难题，为高铁测量技术的发展贡献了积极力量。自 2016 年以来除在技术研究依托工程成功应用，还持续在玉磨铁路友谊隧道（9592m）、滇中引水工程隧道（20763m）、青岛胶州湾跨海隧道（14376m）、莞深城际琶洲支线（5071m）、广佛铁路 GFHD-1 盾构区间（4632m）、尼泊尔逊科西马林引水隧道（13300m 单向掘进）等若干长大隧道应用验证，保障了以上重大工程准确贯通。

后 记

高铁，犹如现代交通的动脉，其每一寸轨道、每一座桥梁、每一段隧道，都凝聚着无数测量技术工人的智慧与汗水。

作为一名高铁测量技术工人，这些年我有幸参加了上百条铁路公路建设，完成了“一带一路”工程如尼泊尔逊科西马林引水隧道、中老铁路友谊隧道等 300 多个重点工程控制测量。我目睹了中国铁路速度从每小时 40 千米提升到最高 480 多千米的巨大飞跃，见证了“四纵四横”铁路通道以及六大城际快客系统的构建，并且亲身参与其中。中国高铁的宏伟蓝图正在建设者手中逐渐成为现实。如今，高铁穿梭于神州大地。20 多年间，中国从铁路建设的追赶者华丽变身成为世界铁路建设的领跑者，谱写了激动人心的时代华章。

工程未动，测量先行。

任何工程修建都离不开工程测量，尤其是以高速度著称的高速铁路。600km/h 的磁悬浮列车已经研制成功，真空管未来 4000km/h 的超高速列车都已经在科学家的构想当中。高速度列车需要高质量铁路工程、轨道来承载和匹配，要求轨道具有极高的平顺性。而这些就需要工程测量精确定位，将误差控制在极小的范围内，需要行业人员将来不断提升、不断进步、不断创新突破。

从一名普通的测量员成长为中铁二局一级测量专家，我深知技术的积累与创新的重要性。以上工作法不仅是一套技术方案，更是工匠精神的传承。它教会我如何在复杂的环境中精准测量，如何在困难条件下找到突破口，如何在细微之处见真章。

在学习与实践中，我逐渐领悟到，技术的提升不仅是工具的更新，更是思维的革新。工作法中的每一项专利技术，都是对传统测量方法的挑战与超越。它们不仅提高了测量的精度，更提升了测量的效率，减少了因测量误差带来的经济损失和安全隐患。

作为一名大国工匠，我深感责任重大。每一次测量，都是对工程质量的保障；每一次创新，都是对工匠精神的弘扬。我感谢国家和企业的培养，让我有机会在实践中不断成长、不断突破。工作法的推广与应用，不仅解决了当前长大隧道控制测量的主要难题，更为高铁测量技术的发展注入了新的活力。我相信，随着技术的不断进步，我们的测量工作将更加精准、高效，为我国高铁事业的持续发展贡献更大的力量。

在此，我衷心感谢所有为高铁测量技术发展付出努力的同行们，让我们携手共进，以工匠精神铸就高铁工程之魂，为实现交通强国的梦想不懈努力！

郭平

2025 年 7 月

图书在版编目（CIP）数据

郭平工作法：高速铁路长大隧道平面控制测量 / 郭平著. -- 北京：中国工人出版社, 2025. 5. -- ISBN 978-7-5008-8555-9

Ⅰ. U459.1

中国国家版本馆CIP数据核字第2025L3K731号

郭平工作法：高速铁路长大隧道平面控制测量

出 版 人　董　宽
责任编辑　魏　可
责任校对　张　彦
责任印制　栾征宇
出版发行　中国工人出版社
地　　址　北京市东城区鼓楼外大街45号　邮编：100120
网　　址　http://www.wp-china.com
电　　话　（010）62005043（总编室）
　　　　　（010）62005039（印制管理中心）
　　　　　（010）62379038（职工教育编辑室）
发行热线　（010）82029051　62383056
经　　销　各地书店
印　　刷　北京市密东印刷有限公司
开　　本　787毫米×1092毫米　1/32
印　　张　3.875
字　　数　44千字
版　　次　2025年8月第1版　2025年8月第1次印刷
定　　价　28.00元

优秀技术工人百工百法丛书

第一辑　机械冶金建材卷

第二辑　海员建设卷

100 ARTISANS AND 100 TECHNIQUES SERIES
蔡连财工作法
半潜船浮装操作
100 ARTISANS AND 100 TECHNIQUES SERIES
常洪霞工作法
公交安全驾驶与服务
100 ARTISANS AND 100 TECHNIQUES SERIES
陈宇航工作法
大型管道装配
100 ARTISANS AND 100 TECHNIQUES SERIES
陈竹祥工作法
汽车漆膜修补
100 ARTISANS AND 100 TECHNIQUES SERIES
程克辉工作法
常用焊接操作技能
100 ARTISANS AND 100 TECHNIQUES SERIES
勾常春工作法
盾构注浆“制一运一注”一体化集成系统
100 ARTISANS AND 100 TECHNIQUES SERIES
李燕肇工作法
古建彩画颜料调制及彩画工艺流程
100 ARTISANS AND 100 TECHNIQUES SERIES
廖明工作法
地铁司机应急处置技能培训
100 ARTISANS AND 100 TECHNIQUES SERIES
魏钧工作法
焊接十步操作法
100 ARTISANS AND 100 TECHNIQUES SERIES
吴喜军工作法
桥梁伸缩缝微创技术
100 ARTISANS AND 100 TECHNIQUES SERIES
翟筛红工作法
古建筑冰纹窗制作
100 ARTISANS AND 100 TECHNIQUES SERIES
竺士杰工作法
远控集装箱岸桥操作法

第三辑 能源化学地质卷

100 ARTISANS AND 100 TECHNIQUES SERIES
陈可营工作法
海洋油气生产绿色数智化设计与应用
100 ARTISANS AND 100 TECHNIQUES SERIES
程平工作法
钴基60硬质合金真空水冷堆焊
100 ARTISANS AND 100 TECHNIQUES SERIES
丁正江工作法
焦家式金矿预测勘查
100 ARTISANS AND 100 TECHNIQUES SERIES
华伶利工作法
松散地层钻进取心
100 ARTISANS AND 100 TECHNIQUES SERIES
黄兆亮工作法
航改型燃气轮机蜂窝封严钎焊修复
100 ARTISANS AND 100 TECHNIQUES SERIES
琚永安工作法
架空地线复合光缆的电动旋切
100 ARTISANS AND 100 TECHNIQUES SERIES
李辉工作法
用试验电压检测变电站一、二次设备交流回路整体组合工况
100 ARTISANS AND 100 TECHNIQUES SERIES
李祖锋工作法
抽水蓄能电站控制测量方案优化
100 ARTISANS AND 100 TECHNIQUES SERIES
刘清工作法
煤矿无人化智能开采控制系统
100 ARTISANS AND 100 TECHNIQUES SERIES
毛玉泉工作法
贵细中药材鉴别应用
100 ARTISANS AND 100 TECHNIQUES SERIES
齐名工作法
应用STC单片机
100 ARTISANS AND 100 TECHNIQUES SERIES
秦钦工作法
矿井安全监控设备辅助安装及故障分析处理

100 ARTISANS AND 100 TECHNIQUES SERIES
孙同根工作法
S Zorb装置优化

100 ARTISANS AND 100 TECHNIQUES SERIES
王月鹏工作法
基于绝缘平台的绝缘杆作业法

100 ARTISANS AND 100 TECHNIQUES SERIES
王跃工作法
滴定分析的判断与控制

100 ARTISANS AND 100 TECHNIQUES SERIES
杨新海工作法
车载移动测量技术在实景三维成果质量检验中的应用

100 ARTISANS AND 100 TECHNIQUES SERIES
杨义兴工作法
油田修井现场清洁生产技术应用

100 ARTISANS AND 100 TECHNIQUES SERIES
游弋工作法
煤矿供电系统防晃电设计与应用

100 ARTISANS AND 100 TECHNIQUES SERIES
余姝工作法
高陡峡谷区地质灾害调勘查

第四辑　国防邮电卷

100 ARTISANS AND 100 TECHNIQUES SERIES
高凤林工作法
钢/铝异种金属软钎焊制造
100 ARTISANS AND 100 TECHNIQUES SERIES
曹彦生工作法
航天结构件数控铣削加工工艺
100 ARTISANS AND 100 TECHNIQUES SERIES
陈久友工作法
轻量化金属构件高性能激光焊接
100 ARTISANS AND 100 TECHNIQUES SERIES
陈佐佐工作法
数字化纤芯管理方案
100 ARTISANS AND 100 TECHNIQUES SERIES
洪家光工作法
典型产品车削加工
100 ARTISANS AND 100 TECHNIQUES SERIES
秦世俊工作法
直升机动部关键件、重要件数控加工
100 ARTISANS AND 100 TECHNIQUES SERIES
陶安工作法
高精度、高硬度螺纹环规二次车削及专用夹具
100 ARTISANS AND 100 TECHNIQUES SERIES
王刚工作法
高精度铰孔精准控制
100 ARTISANS AND 100 TECHNIQUES SERIES
徐珺工作法
全光组网安装维护交付

第五辑　财贸轻纺烟草卷

第六辑　农林水利卷

第七辑　金融卷

第八辑　铁路卷